真是令人大开眼界呀！

12 蜜蜂

［法］安娜－贝内迪克特·施维贝尔 编　章婵 译

中信出版集团｜北京

图书在版编目（CIP）数据

真是令人大开眼界呀！. 12, 蜜蜂 /（法）安娜－贝内迪克特·施维贝尔编；章婵译. -- 北京：中信出版社，2023.11

ISBN 978-7-5217-5850-4

Ⅰ. ①真… Ⅱ. ①安… ②章… Ⅲ. ①科学知识－儿童读物②蜜蜂－儿童读物 Ⅳ. ① Z228.1 ② Q969.557.7-49

中国国家版本馆 CIP 数据核字（2023）第 120199 号

真是令人大开眼界呀！ 12 蜜蜂

编　　者：［法］安娜－贝内迪克特·施维贝尔
译　　者：章婵
出版发行：中信出版集团股份有限公司
（北京市朝阳区东三环北路27号嘉铭中心　邮编　100020）
承 印 者：北京尚唐印刷包装有限公司

开　　本：889mm × 1194mm　1/16　　印　　张：2.75　　字　　数：72千字
版　　次：2023年11月第1版　　印　　次：2023年11月第1次印刷
京权图字：01-2023-1613
书　　号：ISBN 978-7-5217-5850-4
定　　价：398.00元（全20册）

出　　品：中信儿童书店
图书策划：小飞马童书
总 策 划：赵媛媛
策划编辑：白雪
责任编辑：许美琳
营　　销：中信童书营销中心
美术设计：谢佳静
内文排版：王莹

服务热线：400-600-8099
投稿邮箱：author@citicpub.com

目 录

我是乔治，我出现在书中的各处，准备和你一起阅读。

长故事

休息啦！

著者：伯努瓦·奥德

已经下了好几天雨了，而且越下越大。
蜜蜂们无法采蜜，因为花儿都被淋湿了，花粉会沾在脚上。

薰衣草花粉
欧石南花粉
哦！不，不！
这里是74330号蜂巢女王，现在发布红色警报。所有蜜蜂都禁止出门，我重复一次，所有……
气象站
天气暂时不会好转了。
啊啊啊！
不！
蜜蜂……
都禁止
出门……
每天
五滴蜂蜜
终点站 B
直到另行通知！
食堂
最高速度
50公里/时
什么？
我的天哪！

没有目标，没有工作，蜜蜂们开始无所事事，
蜂巢里几乎陷入疯狂。

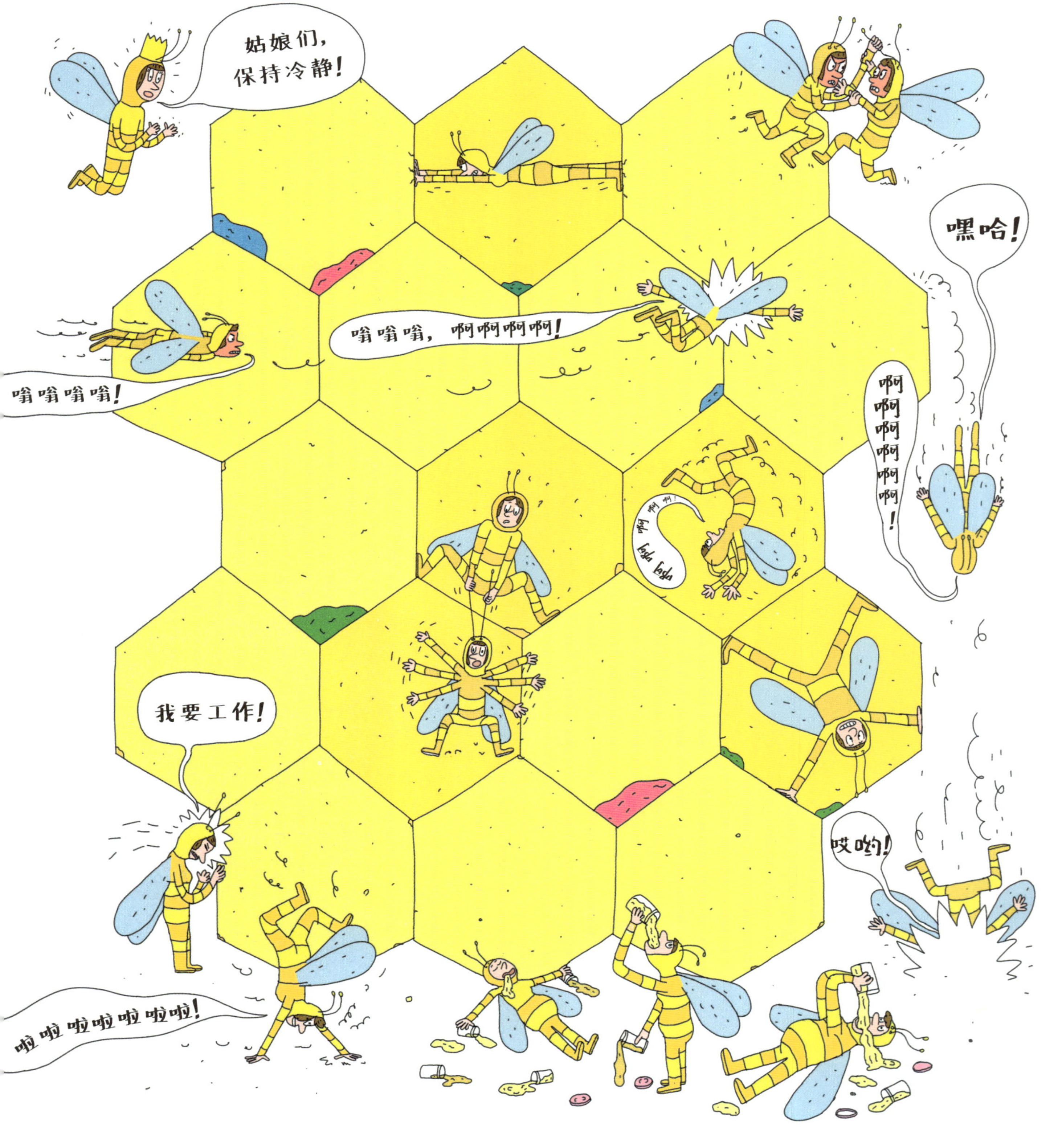

女王陛下，我有一个主意。
啊，是吗？快点告诉我，亲爱的47720073号振翅蜂。
为什么不请雄蜂教我们游手好闲呢？它们都是无所事事的家伙。
一等一的好手！

089号：
每天睡22小时。
012号：
一本书倒着看了10年。
雄蜂俱乐部
嘘！
宿舍
泳池和蜂蜜桑拿
嗡，呼呼呼！
特级蜂蜜！
051号：
出牌前要先思考12天。
077号：
喝茶前总要先看着水蒸发。

雄蜂开始执行任务，并对此非常上心。
它们作风强硬地推行铁一般的纪律。

24小时不间断睡觉。

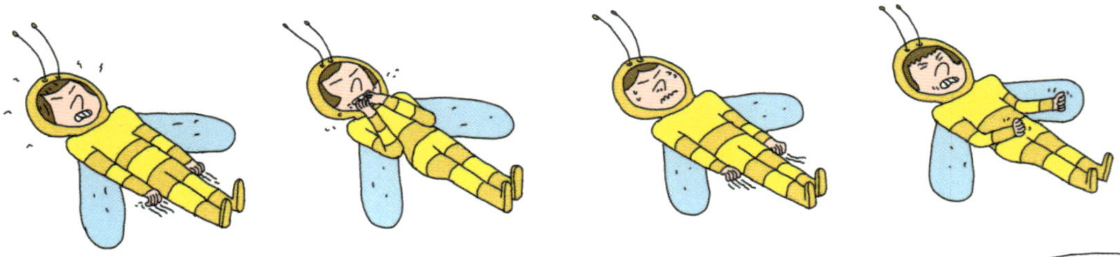

用最慢的速度走路。

将一个蜂蜡球揉成化石，
而且不许流汗。

有时也会精神崩溃。

尽管困难重重，但勇敢的蜜蜂们还是成功地超越了自我，神气地拿到了毕业证书。

蜂场重新恢复了宁静。

好天气回来了。

我亲爱的蜜蜂们，74330号蜂巢女王通知你们可以继续采蜜了，太棒啦！嗡嗡嗡！
呼呼呼！
呼呼呼！
74330号蜂巢
呼噜……

但是蜜蜂们养成了新习惯……
呼呼呼呼……
呼呼呼呼……
呼呼呼呼……
呼呼呼……
快点干活了！你们看看，都已经下午3点了……

女王陛下不太高兴!

42553号蜜蜂在女王的触角边嗡嗡地讲了一个很棒的主意。

轮到雄蜂们来学点新东西了……

时间是无限期。

完

采访蜂后克莉丝汀

文本与绘图：塞巴斯蒂安·图阿什

乔治见到了克莉丝汀女王。就像我们在《休息啦！》这个故事中看到的那样，女王非常重视蜂群的生活。以下就是乔治与女王陛下的谈话内容。

在采访开始之前，我想知道我应该称呼您“女王”还是“陛下”？

克莉丝汀 只有我们俩，就叫我克莉丝汀吧。

那么克莉丝汀，您是不是很小的时候就梦想成为女王呢？

克莉丝汀 并非如此。我其实想成为外勤蜂，可以扇动翅膀在花田里飞舞，在花粉里打滚。我来自一个有150个兄弟姐妹的家庭，作为最小的女儿，我觉得家里有点儿挤。不幸的是，我对薰衣草花粉过敏，所以无法进入“皇家采蜜学院”，却碰巧被“蜂巢综合理工学院”录取了，并逐渐踏入政坛。直到五年前，我被选举成为74330号蜂巢的女王。

应该不是每天都会有一个团队来拍摄蜂巢内部吧？《休息啦！》是如何拍摄的呢？

克莉丝汀 需要细致的安排和组织。由于导演无法让我们全部进入每一组镜头，所以进行了非常严格的试镜。但我们大部分人都是兄弟姐妹，而且长得很像，因此在拍摄期间会互相替换。这样，基本上大家都能被拍摄到，避免产生嫉妒心理。最困难的就是要在一场戏中保持不动，因为就像我们在故事中看到的那样，蜜蜂除了工作，其他事情都不太会做（尤其是外勤蜂）。

这个故事有一点点“女权主义”，这对您来说很重要吗？

克莉丝汀 是的，就像在我之前的74329号蜂巢女王，我非常注意雄蜂和其他蜜蜂之间的绝对平等。我也承认，有时我们对待雄蜂有点过分了。我们会在晚上叫醒它们，让它们泡一杯蜂蜜花草茶或者帮我们用被子盖盖脚。但是我们很爱它们，没有它们的帮助，我们的蜂巢可能已经不复存在了。我想说的是，无论雌雄，每种性别在每一天的工作中都发挥着重要的作用！

您对蜂巢有什么新计划吗？

克莉丝汀 有好几个！修建休闲中心，关注工作福利，实行绩效管理。我还想再改善一下姐妹们的工作条件。至于雄性们，开设健身、水上体操和肌肉锻炼课……让它们变得更强壮！

如果您不是蜜蜂的话，会想成为哪种动物呢？

克莉丝汀 嗯，这个嘛……狼！好吧……狼很漂亮，但是太好斗了……嗯……河狸，可以为自己建造一个带有室内游泳池的小房子。但是，河狸总吃草有点无聊。啊，我知道了！翠鸟！小巧，美丽，行动迅捷，而且可以每天待在水边，简直完美！

“我来自一个有 150 个兄弟姐妹的家庭，

作为最小的女儿，

我觉得家里有点儿挤。”

邦比和高里

帽子蜂蜜

文本与绘图：玛丽·诺维昂

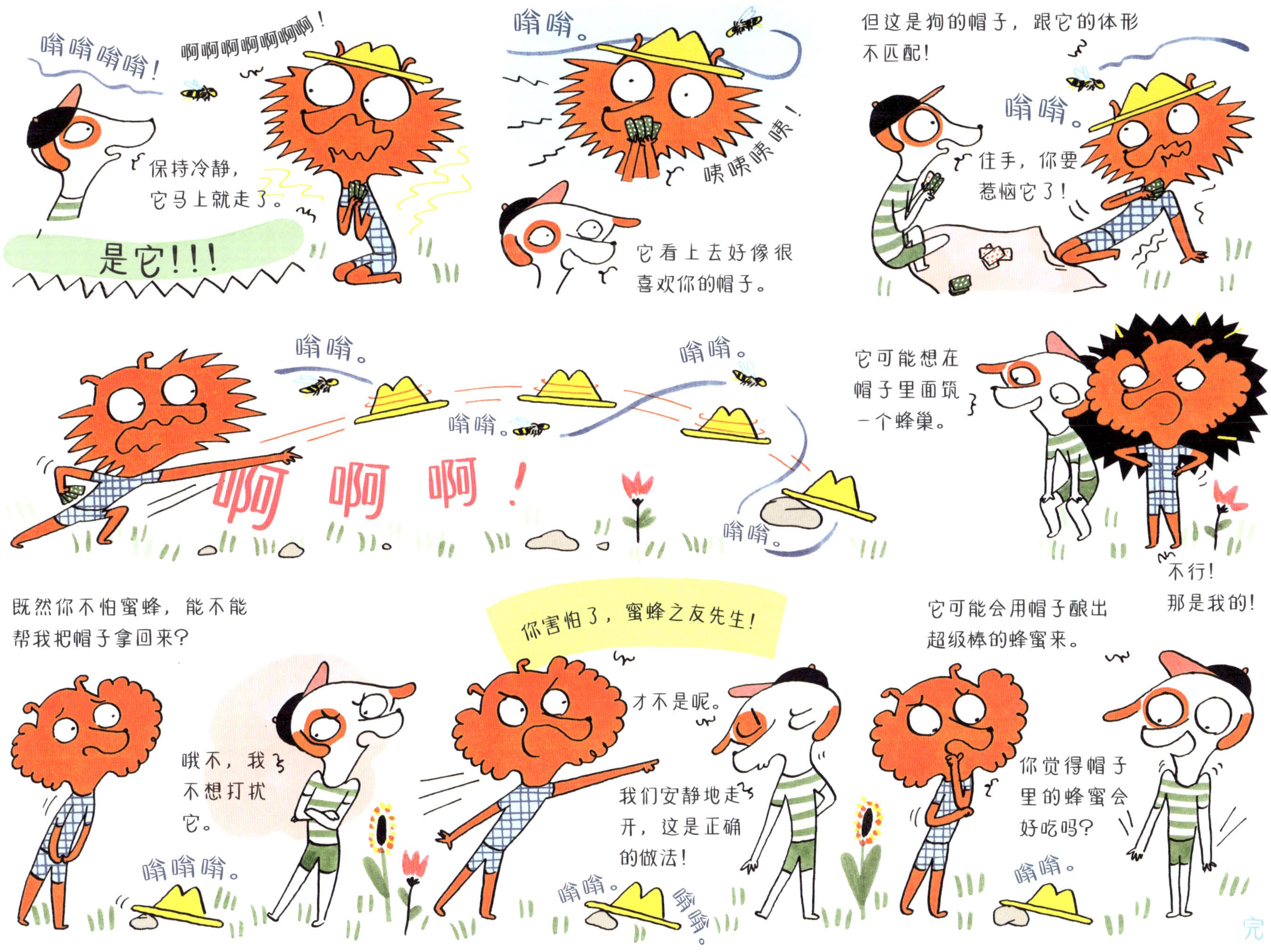

嗡嗡嗡嗡！
啊啊啊啊啊啊啊啊！
保持冷静，
它马上就走了。
是它！！！
嗡嗡。
咦咦咦咦！
它看上去好像很
喜欢你的帽子。
但这是狗的帽子，跟它的体形
不匹配！
嗡嗡。
住手，你要
惹恼它了！
嗡嗡。
嗡嗡。
嗡嗡。
啊 啊 啊！
嗡嗡。
它可能想在
帽子里面筑
一个蜂巢。
不行！
那是我的！
既然你不怕蜜蜂，能不能
帮我把帽子拿回来？
哦不，我
不想打扰
它。
嗡嗡嗡。
你害怕了，蜜蜂之友先生！
才不是呢。
我们安静地走
开，这是正确
的做法！
嗡嗡。
嗡嗡。
它可能会用帽子酿出
超级棒的蜂蜜来。
你觉得帽子
里的蜂蜜会
好吃吗？
嗡嗡。
完

艺术家云集的蜂巢

文本：樊尚·雅多　　绘图：塞维里·米耶

一切开始于1895年。在途经巴黎时，农民的儿子及雕塑家阿尔弗雷德·布歇偶然来到了沃日拉尔的屠宰场。他立马就被巴黎市中心这个充满乡村气息的小角落吸引了。于是，花了很少的钱，从一个咖啡馆老板手中买下了一大片空地。

当时，阿尔弗雷德是一位著名的艺术家，生活比较富裕。他为罗马尼亚女王雕刻了一个半身像，女王给了他一大笔酬金和一辆双轮马车。

这片空地让阿尔弗雷德想到一个美妙而慷慨的主意。他的艺术家伙伴们通常才华横溢，却没有足够的钱支付开办工作室、取暖和吃饭的费用。他想为朋友们建一个公寓。为了让这个建筑足够美丽，别具一格，他采取了收购的办法。到了1900年，巴黎的世博会结束后，阿尔弗雷德购入了一些专为世博会而造的建筑，其中包括古斯塔夫·埃菲尔设计的一座圆形亭子、一些雕塑，以及一扇美轮美奂的大门。公寓建成后效果令人惊叹，整座建筑高大华丽中透着一丝疯狂，就像童话中的一样。

在落成揭幕时，这座公寓共有140个像巢房一样排列的工作室。每一个工作室都是装着玻璃窗的光线充足的立方体，宽4米，高8米，并带有一个阁楼。很快，到处开始有人谈论这个地方。从欧洲各地汇聚而来的艺术家像蜜蜂一样在这里辛勤工作，进行创作。阿尔弗雷德·布歇为这个美好的地方找到了一个贴切的名字——蜂巢。这个独特的建筑接待了不少默默无名的人，他们之中有一些后来成为声名远播的人：画家费尔南德·莱热、马克·夏加尔、玛丽·洛朗森；诗人和作家纪尧姆·阿波利奈尔、马克斯·雅各布、布莱兹·桑德拉尔（他曾于1913年写过一首名为《蜂巢》的诗）。这些人在蜂巢居住期间一举成名。

第一次世界大战后，阿尔弗雷德手头的资金越来越少。他几乎破产，于1934年去世。战后，蜂巢所在地变得像个贫民窟。为了使蜂巢免遭被铲平的命运，画家夏加尔和其他知名艺术家一起为之奔走，他们得到了法国文化部和一个非常富有的家族——赛杜家族的支持。蜂巢得救了，并在60年代末进行了翻新。

今天，这个公寓里住着近170位艺术家。里面的工作室也有了一些小小的变化，增加了淋浴间，有的地方还扩建了。蜂巢里的艺术家们仍然在辛勤地创作。阿尔弗雷德·布歇的梦又一次变成了美好的现实。

■ **游戏1** ■

小虫子爬上来！

绘图：吕卡·博斯加尔丹

昆虫是地球上数量和种类最多的动物，差不多每四个动物中就有三个是昆虫！

A. 画掉右页图中不属于昆虫的动物。有个小提示可以帮助你：昆虫长着六条腿。

B. 请圈出右页图中只出现一次的昆虫。

C. 词语解密，昆虫学家的英文是什么？

D. 以下成语中含有跟昆虫相关的词，但乔治把它们搞混了。请从红字列表中找到正确的字或词替换右侧蓝框中的粗体字。

- 蚁
- 蝉
- 蝇
- 螳
- 蚊
- 蛾
- 蚕
- 蝶
- 蜂
- 蚍蜉
- 蜻蜓

蚁臂当车	**蜜蜂**撼树	**蝶**头小利
蚊拥而至	庄生梦**蛾**	飞**蝉**扑火
金**螳**脱壳	积**蚕**成雷	**蝇**食鲸吞
蚍蜉点水	千里之堤，溃于**蜂**穴	

E. 昆虫数量极其庞大，还有成千上万个种类等待我们去发现！（仅在法国就生活着约35000种昆虫！）现在请你来试着画出几种昆虫。

■ 游戏2 ■

快乐蜂场

绘图：玛嘉丽·阿蒂奥格贝

乔治在一本书上看到了关于养蜂的一幅图。（见左页）

A. 在下列每一段文字后面标上图中对应的编号。

a. **蜂箱：** 人类制作的供蜜蜂繁衍生息的处所。（　）

b. **蜂蜜：** 蜜蜂采集植物花蜜、分泌物或蜜露，与自身分泌物混合后，经充分酿造而成的天然甜味物质。（　）

c. **巢框：** 蜂箱里可插入多个巢框。巢框上有蜡质的巢脾，可以轻松将巢框取出采蜜，而不会损坏整个蜂箱。（　）

d. **喷烟器：** 用来熏蜜蜂的装置，以防养蜂人采蜜时，蜜蜂蜇人或飞走。（　）

e. **蜂扫：** 用于在管理蜂群时清扫巢脾上的蜜蜂。（　）

f. **养蜂人：** 饲养蜜蜂的人。（　）

g. **巢脾：** 蜜蜂用自己生产的蜂蜡筑造而成，用于栖息、繁殖、贮放蜂粮的场所，呈六角形排列。（　）

B. 你觉得一个蜂箱里最可能有多少只蜜蜂呢？（　）

a. 50　　b. 500　　c. 5000　　d. 50000

C. 一个蜂巢里有好几种工蜂，请将它们的名称和职能用线连起来。

1 **喂养幼虫和蜂王**

2 **建造巢房**

3 **守卫蜂巢**

4 **清理巢房，清除废物和蜜蜂尸体**

5 **采花蜜、花粉，寻找水源，等等**

6 **调节蜂巢内的温度**

a **清洁蜂**

b **保育蜂**

c **筑巢蜂**

d **振翅蜂**

e **工兵蜂**

f **外勤蜂**

D. 只有一个影子跟下面的彩色图片是相吻合的，是哪一个呢？

1　　2　　3

■ 游戏3 ■

线那头是谁？

绘图：斯特凡妮·拉纳

一回到蜂巢，蜜蜂就会告诉其他同伴哪里有花田。你知道它是如何做到的吗？

▶ 给你点提示：观察下面的蜜蜂在做什么。

如果你和乔治一样感到吃惊，并且想了解更多的话，可以在答案页中找到解释。

游戏4

叮！手工时间到了！

设计者：让-大卫·曼斯鲁

小朋友们，
一起来动手玩一玩吧！

蜂箱纸模！

所需材料：

剪刀、胶水。

蜂箱底部的制作：

A. 将底部剪下并沿虚线折叠。

B. 向蜂箱纸模里侧折叠所有粘贴片（**a**到**d**）。

C. 将蜂箱纸模左侧粘在粘贴片**a**和**c**上，然后将蜂箱纸模右侧粘在粘贴片**b**和**d**上。（标有蜜蜂的部分为蜂箱纸模底部外侧的一面）

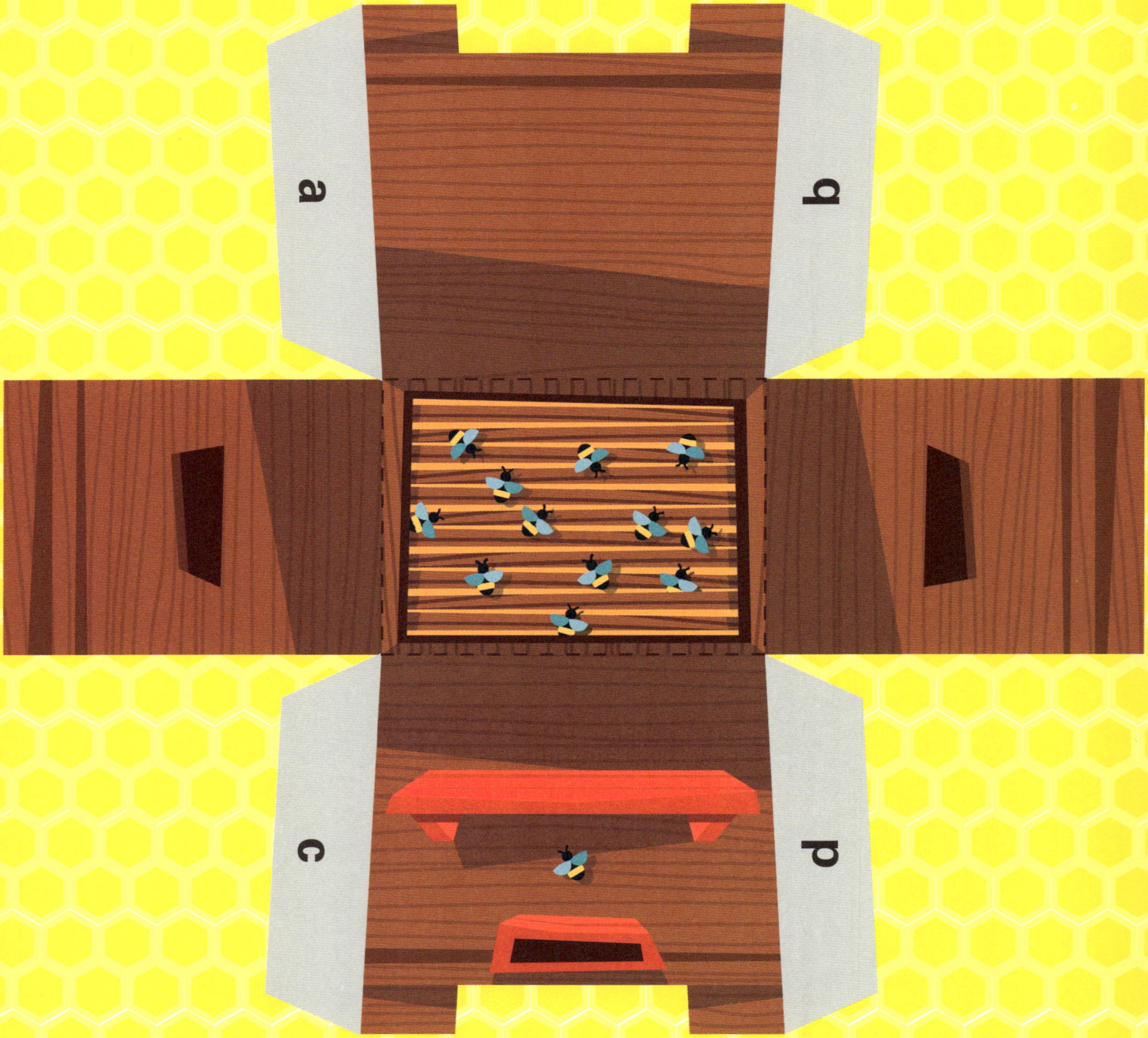

蜂箱顶部的制作：

A．将顶部剪下。

B．将剪下的部分翻到背面，沿背面的虚线折叠并将**A**和**B**两个部分粘起来，形成蜂箱顶部的两个屋檐。

C．将剩下的部分沿虚线折叠。

D．向里侧折叠所有的粘贴片（**c**到**h**）。

E．先将粘贴片**d**和**e**与屋顶正面（标有蜜蜂的部分）粘起来，再将粘贴片**g**和**h**与屋顶背面粘起来，形成完整的屋顶。

F．将粘贴片**c**和**f**与屋顶左侧的条状部分粘起来，完成屋顶的制作。

G．最后，将蜂箱顶部套在底部上，蜂箱纸模制作完成！

A

B

小朋友们，

继续游戏吧！

A

B

■ 游戏5 ■

当心格子

乔治要翻新浴室，他选择了一款蜂窝瓷砖，即六角形的砖。但是，他还在犹豫选什么颜色。

▶ 砖总共有四种颜色，每一种颜色对应一种图案。

由你来决定这四种颜色，请注意色彩搭配，然后给所有瓷砖涂上颜色！

■ **游戏6** ■

甜蜜蜜

绘图：迈克尔 · 斯莱克

乔治在两本杂志里看到了这个广告。

A. 他认为这两幅画一模一样，但如果你仔细观察就能找出13处不同，找一找吧。

B. 画中“让我们粘在一起”的意思是什么？

1. 当我们吃“咪呀咪呀蜂蜜”时，手会被粘住。
2. “咪呀咪呀蜂蜜”，尝过就离不开它。
3. 我们喝蜂蜜时，动物们会缠着我们，想讨一点儿尝尝。

C. 哪张图片放反了？

-1-

-2-

-3-

-4-

D. 观察上图，判断以下每一句话所属的类别。

句子	类别一：我们能在图片上看到的。	类别二：乔治在看图时想象出来的。
a. 青蛙和兔子认识有五年了。		
b. 紫色的小鸟拿着一个杯子。		
c. 蛇每天都戴着这顶帽子(这是它最喜欢的帽子)。		
d. 熊不饿，但它抵抗不住诱惑。		
e. 画里有植物、石头和蘑菇。		
f. 我们一共能看到10个动物。		

■ 游戏7 ■

嗡嗡问答

绘图：何驰

乔治知道，蜜蜂在大自然中扮演着特别重要的角色，可它们却时常处于危险之中，乔治想知道这是为什么，以下是他提出的八个问题。

请在下列每个答案的前面，写上对应问题的序号。

问题 .... **答案：** 为了建筑巢房，同时也为了在冬季为蜂群提供食物。

问题 .... **答案：** 七成。

问题 .... **答案：** 花蜜。

问题 .... **答案：** 借助蝙蝠、风和某些鸟类。

问题 .... **答案：** 至少6000万年前。

问题 .... **答案：** 授粉。

问题 .... **答案：** 蜂蜜，还有我们吃的1/3的食物。

问题 .... **答案：** 捕食性动物（例如大胡蜂）对蜜蜂的捕杀、疾病，以及人类喷洒在植物上面的化学产品。

问题1：

蜜蜂是什么时候出现在地球上的？

问题2：

是什么样的危险使得每年有三成的蜂群消失？

问题3：

蜜蜂采蜜时采集什么？

问题4：

为什么蜜蜂回到蜂巢后会将采集来的东西制成蜂蜜？

问题5：

蜜蜂在采蜜时，
会将雄花的花粉带给雌花，
这样植物就能繁衍了。
这种现象叫什么？

问题6：

花粉还能通过哪些方式
从一朵花传到另一朵花？

问题7：

蜜蜂采蜜的效率很高
（每小时能采大约250朵花）。
粮食作物中，有大约几成是通过蜜蜂来授粉的？

问题8：

如果我们不保护蜜蜂的话，
哪些东西会跟它们一起消失呢？

■ 职业万花筒 ■

养蜂人

采访：樊尚·雅多　　绘图：斯特凡妮·拉纳

乔治约了养蜂人保罗·佩尼埃来聊聊蜜蜂。一想到可以品尝蜂蜜，乔治开心极了，这是他的一个小嗜好。

你小时候梦想做什么工作？

保罗 就是我现在所从事的工作——养蜂。我小时候住在农村，每次我想养动物的时候，爸爸妈妈都会同意，所以我养过鸽子、兔子……12岁的时候，我开始养蜜蜂！

对于养蜂的工作，最初是什么吸引了你？

保罗 每当孩子们来参观我的蜂巢时，他们都会被吸引，就像我在他们这个年纪的时候一样，这真是令人着迷的场景！

你是怎么学会驯服蜜蜂的呢？

保罗 不是驯服蜜蜂，而是照看它们，让它们酿出美味的蜂蜜。

为了成为养蜂人，你进行了哪些学习？

保罗 我进入了一所农业高中学习。我曾经在几个农场实习过，但是很可惜，这些农场里都没有蜂巢。然后，我上了大学，后来成为一所农业高中的老师。为了学习养蜂，我参加了一个培训。最后，我在热尔省买下了一个农场，并安装了一些蜂房。

在这个工作中，什么让你觉得开心？

保罗 首先，能跟蜜蜂待在一起。其次，工作中对工作能力的要求非常多样化，你需要什么都会一点儿。需要会细木工、电工来保证蜜蜂们生活舒适，需要会做蜜糖面包……我们还会制作花粉、蜂王浆，以及为蜂后育种。

蜂蜜是怎么制作出来的？

保罗 蜂蜜是蜜蜂制作出来的，它们采花、收集花粉，并将花粉储存在巢房里。

如果不训练蜜蜂的话，那么如何让它们只去采集某一种花，例如槐花（以酿出槐花蜜）呢？

保罗 我们带蜂群转换不同的地点饲养，就像放羊一样。

跟牧羊人一样，你手里拿根鞭子，蜜蜂就会跟你走吗？

保罗 不，我们晚上把它们装进卡车，带到有花（比如槐花）的地方。

为什么要在晚上？

保罗 因为晚上蜜蜂不能分辨方向。它们在夜里不会飞走，而是安静地待在蜂巢里。

它们经常这样旅行吗？

保罗 是的，我们生产六种不同的单一蜂蜜。所以需要变换蜜源区。

要是惹恼它们了，它们会蜇你吗？

保罗 如果碰上雷雨天气，或者我动作过于粗暴的话，它们会蜇我的。但我已经免疫了，皮肤被蜇了也不会肿起来。

工作量是不是很大？

保罗 我们有700个蜂箱。除了照料蜜蜂，制作蜂蜜以外，还要烤制蜂蜜面包。完全不会感到无聊！

A

动物象声词

绘图：斯特凡妮 · 拉纳

象声词是模拟声音的词。和其他单词一样，不同的语言里有不同的象声词。乔治找到了一些形容动物叫声的象声词，把它们归类在下面的表格中：

	法语	德语	英语	西班牙语	意大利语	葡萄牙语
蜜蜂	bzzz	summ summ	buzz	Zzzzzzzzzzz	bzz	bzzzzzz
驴	hi han	i-a	hee haw	hia	ih-ho	hi om
鸭子	coin coin	quak	quack	cuac cuac	qua qua	qua qua
猫	miaou	miau	meow	miau	miao	miau
马	hiii	hüa	neigh	hiii	iiiii	hiiiiihi
狗	ouaf	wau wau	woof	guau guau	bau bau	au au
公鸡	cocorico	kikeriki	cock-a-doodle-doo	kikirki	chicchirichì	cocorococó
青蛙	coâậ-coâậ	quak quak	ribbit	croac	gra	ribit ribit
羊	bêê	mäh	baa	bee	beh	méé
鸟	cui-cui	pip pip	tweet tweet	pio pio	cip cip	piu piu
奶牛	meuh	muh	moo	mu	muu	muuu

游戏

用正确的象声词填空，让故事变完整。

一头**西班牙奶牛**碰到了一只**葡萄牙小鸟**，它对小鸟说：“..............................。”小鸟回答道：“..............................。”一匹**意大利马**正好路过，它插了一句：“..............................。”马的朋友——一只**德国青蛙**好像不同意马的观点，它说：“..............................。”这个时候，一只听到了整个对话的**法国鸭子**也参与进来了，它大声说：“..............................。”**英国公鸡**感到对话要变成争吵了，觉得该结束了，于是它平静地说：“..............................。”

HIA
西班牙语
RIBIT
RIBIT
葡萄牙语
WAU WAU
德语
BUZZ
英语

蜜蜂赛跑

绘图：斯特凡妮 · 拉纳

“蜜蜂赛跑”是一种桌牌游戏，由米克罗斯 · 冯 · 托思于1973年发明。
乔治邀请你在制作桌牌的过程中了解一下这个游戏。

所需材料：

胶水　　剪刀　　两张纸板

制作过程：

1. 乔治建议在开始之前先阅读第34～35页和第38～39页的内容。
2. 剪下旁边的棋子框，将它粘在一张纸板上。
3. 从粘好的纸板上剪下24枚棋子。
4. 剪下右页的棋盘，将它粘在另一张纸板上。

游戏准备：

- 每一位玩家都将自己的棋子放置在棋盘上，放置的同时请注意白色数字的位置。如果是两名玩家的话，请选择对角线两端的阵营，例如橙色和粉色。

游戏规则：

- 游戏的目标是将六枚棋子率先攻入对方阵营（此时不需要考虑白色数字的位置）。
- 玩家轮流走棋。走棋时，从棋子中选择一枚，并为这枚棋子选择一个数字。这个数字决定了棋子前进的格数及方向。**例如，**玩家选择了数字2，那么他就需要在这个方向走两格。
- 一枚棋子不能从另一枚棋子上方越过。
- 在到达对方阵营的最后一步棋时，不需要选择与剩余格子数相符合的数字，可到达阵营随即停下。

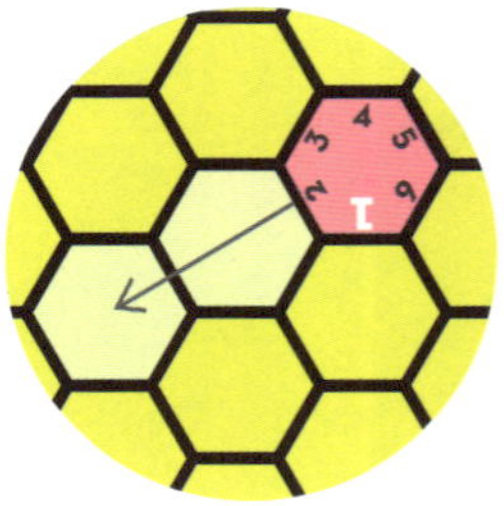

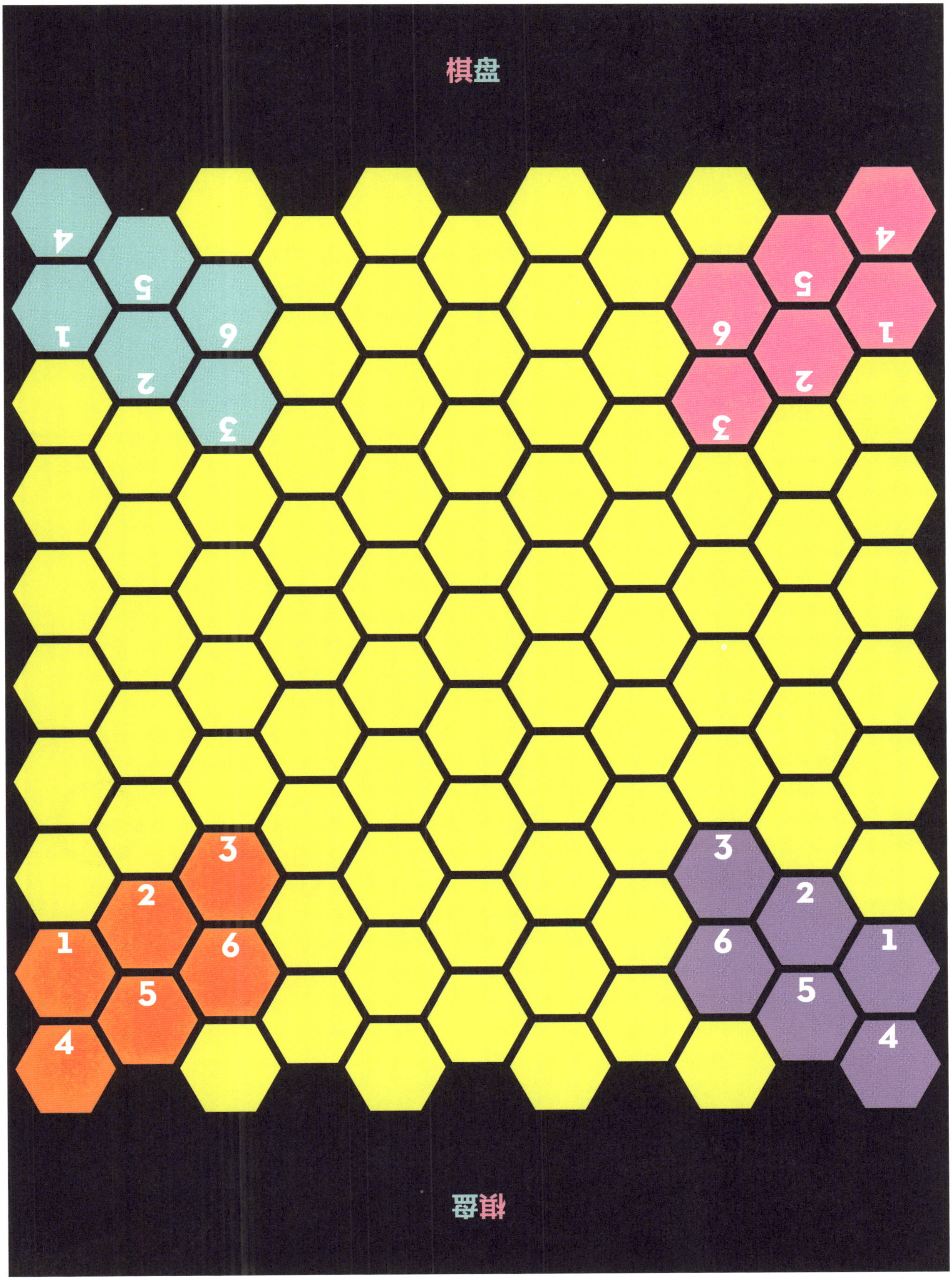
棋盘
4
5
1
6
2
3
4
5
1
6
2
3
3
2
1
6
5
4
3
2
6
1
5
4
棋盘

华夫饼

绘图：斯特凡妮·拉纳

注意，注意，善良的人们！告诉大家一个穿越时间的食谱！ 乔治找到了华夫饼的祖先，它的历史可追溯到中世纪，名字叫作乌布利（锥形蛋卷）。这种蜂蜜脆饼（比华夫饼薄）是夹在两个铁板之间烤制出来的，然后被卷成圆锥形或棍状。有一天，一个铁匠做出了一个蜂窝状的制饼模具，从这天开始，乌布利就改名为华夫饼了。

原料（做15个锥形蛋卷）和工具：

250克面粉

黄油或植物食用油适量

250克液体蜂蜜

2个鸡蛋

100毫升水

华夫饼模具

盆

制作过程：

1. 将蜂蜜和水混合均匀，得到蜂蜜水。

2. 将面粉倒入盆中，中间挖一个小坑，打入鸡蛋。

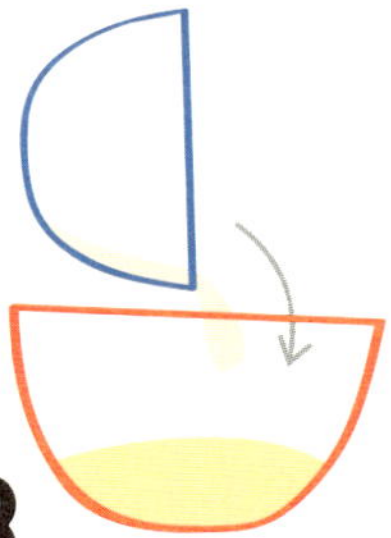

3. 一边搅拌，一边逐渐加入蜂蜜水。

4.

静置面糊，醒发约1小时。

5.

在华夫饼模具上抹上黄油或植物食用油，等待模具变热。

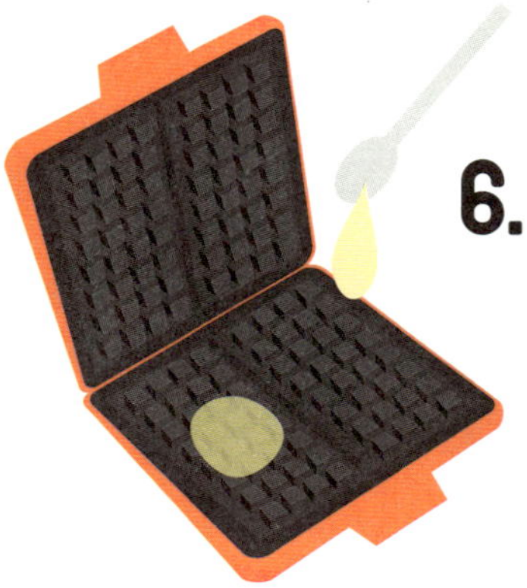

6. 乌布利是圆形的薄饼，请在烤盘上放上小团面糊（不需要涂抹开），然后合上模具，等待几分钟。

7. 品尝你的华夫饼（可以加一点果酱，不加也行）。每一次烤制前请不要忘了重新给模具抹上黄油！

克罗多米尔，
您做的华夫饼
太美味了！

游戏答案

这就是封面和封底的

7个不同之处：

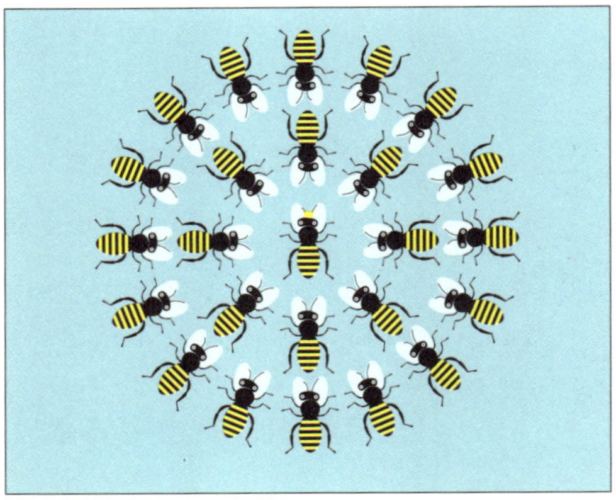

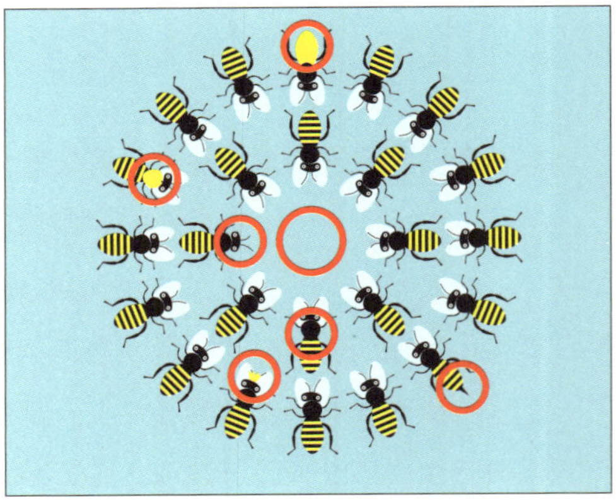

游戏1 小虫子爬上来！

A. 需要画掉蜘蛛、蚯蚓和蝎子，它们都不是昆虫。

B. 这只昆虫图中只出现了一次：

C. ENTOMOLOGIST

D. 蚁→螳、蜜蜂→蚍蜉、蝶→蝇、
蚊→蜂、蛾→蝶、蝉→蛾、
螳→蝉、蚕→蚊、蝇→蚕、
蚍蜉→蜻蜓、蜂→蚁

E. 略。

游戏2 快乐蜂场

A. **a.** 2 **b.** 3 **c.** 6 **d.** 5 **e.** 7 **f.** 4 **g.** 1

B. d

C. **1.** b **2.** c **3.** e **4.** a **5.** f **6.** d

D. 影子3。

游戏3 线那头是谁？

蜜蜂通过**跳舞**的方式告诉其他伙伴它找的花田在哪里。

相关解释：如果食物源离得近的话，蜜蜂会跳一种简单的圆圈舞。如果离得远的话，它会跳一种“8字舞”。它停在巢脾上，让身体与地面垂直。先是沿着一条想象出来的线摇摆身体，画出一个半圆后回到起点；接着重新沿着想象出来的线摇摆身体，往另一个方向画一个半圆，然后再次回到起点。请见右边的示意图。

关于这种舞蹈的其他知识点：

· 摇摆线与垂直方向（地心引力反方向）的夹角表明食物所在方位与太阳之间的位置关系。

· 蜜蜂沿摇摆线摇摆得越剧烈，说明食物离得越远。

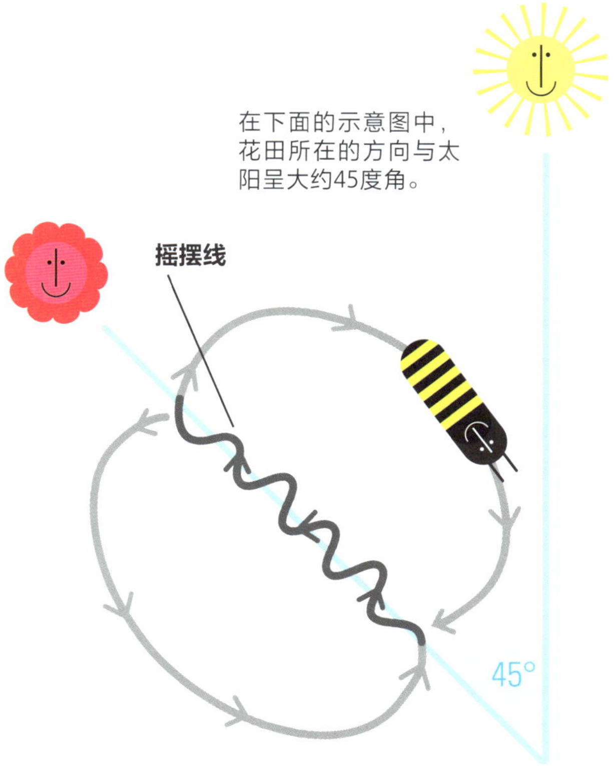

游戏6 甜蜜蜜

A. 请见下图。

B. 2
C. 第2张图片放反了。
D.
类别一： b、e、f。
类别二： a、c、d。

游戏7 嗡嗡问答

A. 以下是问题的顺序（从上到下，从左到右）：4，7，3，6，1，5，8，2。

语言研究所 动物象声词

一头**西班牙奶牛**碰到了一只**葡萄牙小鸟**，它对小鸟说：“**mu**。”小鸟回答道：“**piu piu**。”一匹**意大利马**正好路过，它插了一句：“**iiiii**。”马的朋友——一只**德国青蛙**好像不同意马的观点，它说：“**quak quak**。”这个时候，一只听到了整个对话的**法国鸭子**也参与进来了，它大声说：“**coin coin**。”**英国公鸡**感到对话要变成争吵了，觉得该结束了，于是它平静地说：“**cock-a-doodle-doo**。”